Inhalt

1 Rechne im Kopf! Verbinde jede Rechnung mit der passenden Lösung!
2 Rechnungen haben immer das gleiche Ergebnis.
Male sie in derselben Farbe an! 2 Lösungen bleiben übrig.

2 Rätsel: Welche Zahlen fehlen?

120 → 240 → ____ → ____ → 600 → ____ → ____ → 960

3 Wie heißen diese geometrischen Formen?

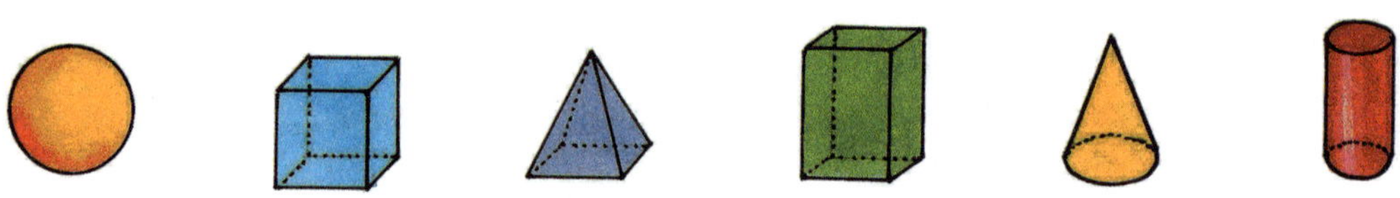

__________ __________ __________ __________ __________ __________

4 Emil kauft in einer Bäckerei 10 Semmeln um 2 € 80 c, 1 Laib Brot um 2 € 40 c, ein Brezel um 1 € 20 c und eine halbe Torte um 4 € 60 c. Wie viel muss er bezahlen?

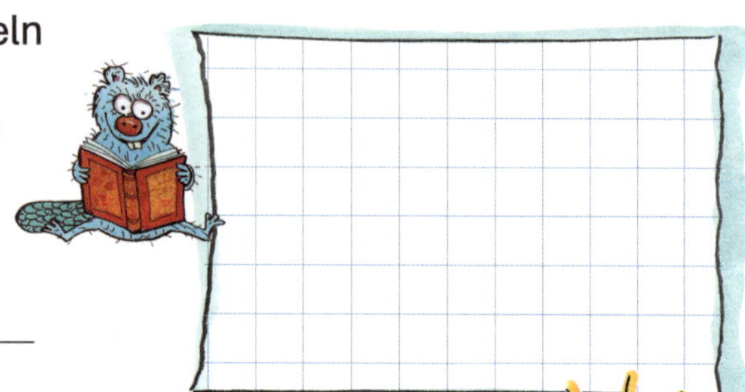

Antwort: ______________________________

____

____

5 In jedem Sparschwein sollen 1 000 € sein.
Schreib die fehlenden Geldbeträge auf!

________ ________ ________ ________

6 Rätsel: Zahlensuchsel
Finde waagrecht und senkrecht
folgende Zahlen:
840, 920, 550, 440,
110, 670, 310, 290,
730, 580

5	7	8	4	0	2	1	4	7	6
1	3	4	6	8	4	3	6	8	3
9	6	2	1	7	9	2	0	7	1
1	7	5	3	7	2	1	3	2	0
8	0	6	4	5	8	9	6	1	5
9	9	1	6	5	2	9	2	7	4
2	5	1	8	0	7	3	5	8	0
4	9	0	4	9	5	6	3	9	2
4	2	3	2	1	2	9	0	1	4
0	6	7	3	0	4	8	4	9	7

7 Zeichne das Würfelnetz fertig!
Trage dann die richtige Augenzahl ein!

8 Frau Moll kauft einen kleinen Tisch um 79 €.
Sie zahlt mit nur einem Geldschein.
Welcher kann das sein?
Wie viel bekommt sie zurück?

A.: ______________________________

____

1 Ergänze auf 1 000! Male die Ergebnisse an oder streiche sie durch – eines bleibt übrig!

6 H 4 Z + ______ = 1 T		3 H 8 Z + ______ = 1 T
2 H 9 Z + ______ = 1 T		9 H 3 Z + ______ = 1 T
8 H 1 Z + ______ = 1 T		4 H 7 Z + ______ = 1 T

2 Rätsel: Verändere die Position eines Streichholzes und stelle so die Rechnung richtig!

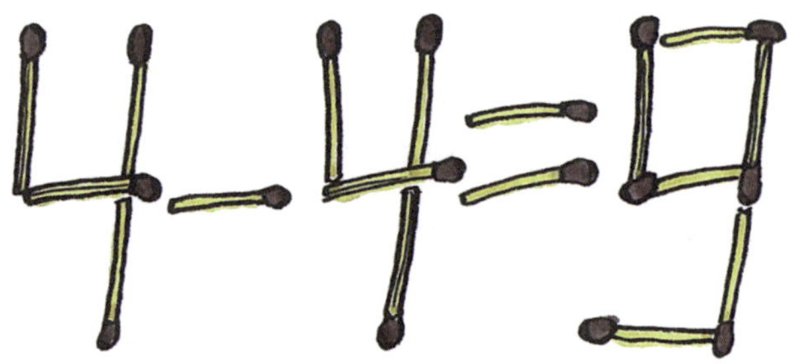

3 Aus wie vielen Würfeln bestehen diese Figuren?

 ______

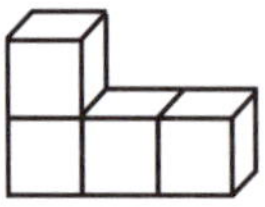 ______

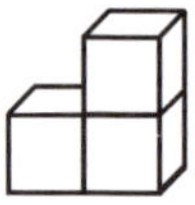 ______

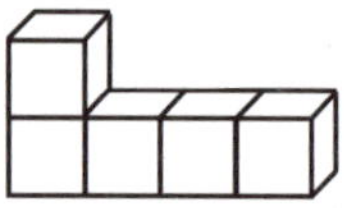 ______

4 Bei einer Feier wurden 650 Gläser geliefert. 170 davon wurden nicht verwendet. Wie viele Gläser müssen gewaschen werden?

A.: ______________________________

____

5 Rechne im Kopf: Immer minus 140!

6 Rätsel:
3 mal 3 Papageien fressen 6 mal 6 Nüsse.
Wie viele Nüsse frisst jeder Papagei?

Antwort: ______________________________

7 Aus welchen Figuren wird ein Würfel? Hake sie an!

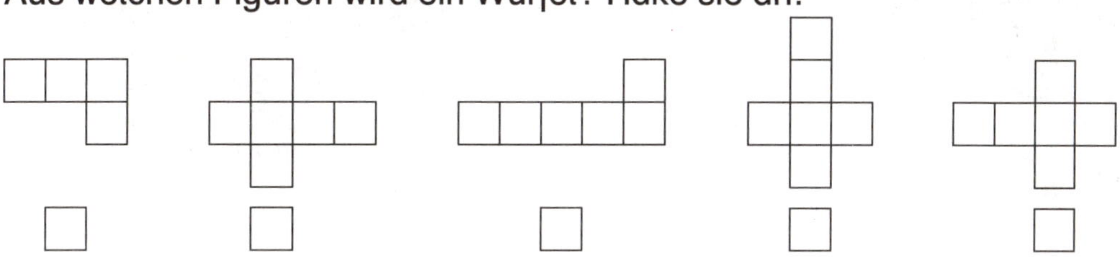

8 Alex hat sich verrechnet! Wie heißt das richtige Ergebnis?

A.: ______________________________

____

1 Rechne im Kopf! Male die Ergebnisse an oder streiche sie durch!
3 Ergebnisse bleiben übrig.

630 + 280 = ______

470 + 340 = ______

290 + 630 = ______

180 + 760 = ______

1 000 − 420 = ______

970 − 290 = ______

420 − 140 = ______

630 − 360 = ______

2 Rätsel: Sudoku
Jede Zahl (1–4) darf in jeder Reihe, Spalte und in jedem Block nur einmal vorkommen!

3			
		4	
			1
	2		

3 Wie viele Flächen, Ecken und Kanten haben diese Körper?

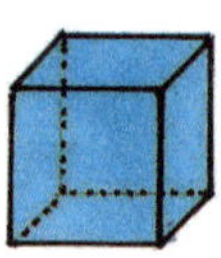

Würfel
____ Flächen
____ Ecken
____ Kanten

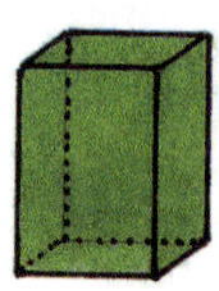

Quader
____ Flächen
____ Ecken
____ Kanten

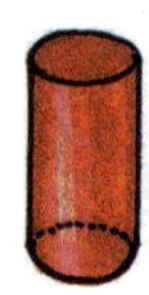

Zylinder
____ Flächen
____ Kanten

4 Verdopple 240 und zähle 330 dazu!
Wie viel fehlt auf 1 000?

A.: ______________________________

____

5 Rechenmauern

6 Verbinde die Zahlen der Reihe nach, indem du immer plus 16 rechnest. Starte bei 1!

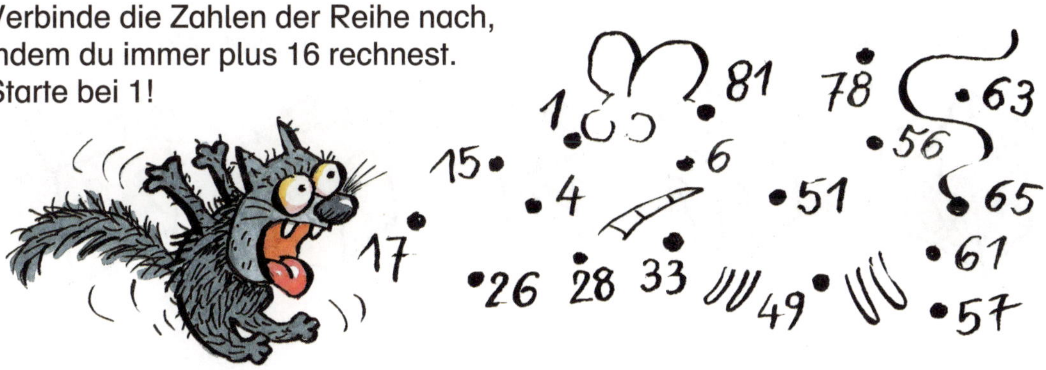

7 Wandle folgende Maße um!

3 kg = ________ dag
1 kg = ________
8 kg 20 dag = ________
5 kg 87 dag = ________
7 kg 7 dag = ________

220 dag = ____ kg ____ dag
580 dag = ________
319 dag = ________
703 dag = ________
440 dag = ________

8 Tim kauft in der Feinkostabteilung 25 dag Käse und 385 g Wurst. Die Verkäuferin gibt alles in ein Sackerl. Wie viel wiegt der Inhalt des Sackerls?

A.: ________________________________

____

1 Addiere und male die Ergebniszahlen an oder streiche sie durch!
Zwei Zahlen bleiben übrig!

35	87	56	92	71
27	31	42	54	68
___	___	___	___	___
138	409	346	164	239
86	273	590	836	657
___	___	___	___	___

2 Logische Zahlenreihe: Für welche Zahl steht das Fragezeichen?

______

3 Wandle folgende Maße um!

70 dag = _____ g
93 dag = _______
5 dag = _______
72 dag = _______
86 dag = _______

318 g = ____ dag ____ g
240 g = ______________
703 g = ______________
690 g = ______________
572 g = ______________

4 Bäcker Heinz hat ein Riesenbrot gebacken.
Es wiegt 5 kg 20 dag. Davon schneidet er für seine Mutter 1 kg 30 dag und für seinen Nachbarn 2 kg ab.
Wie viel Brot bleibt Heinz übrig?
Wandle um!

A.: ______________________________

____

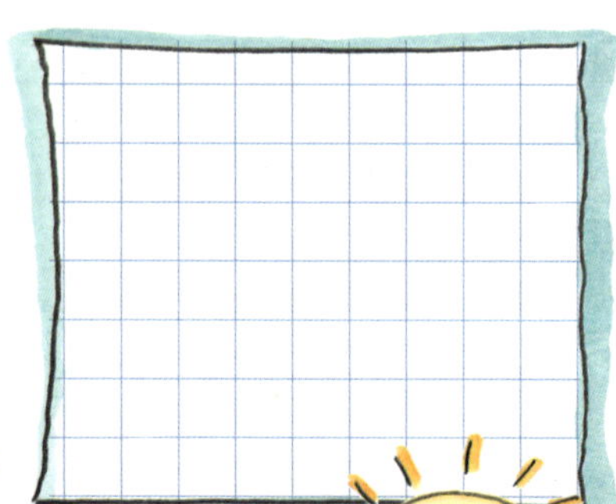

5 Schreib die Zahlen untereinander auf und addiere!

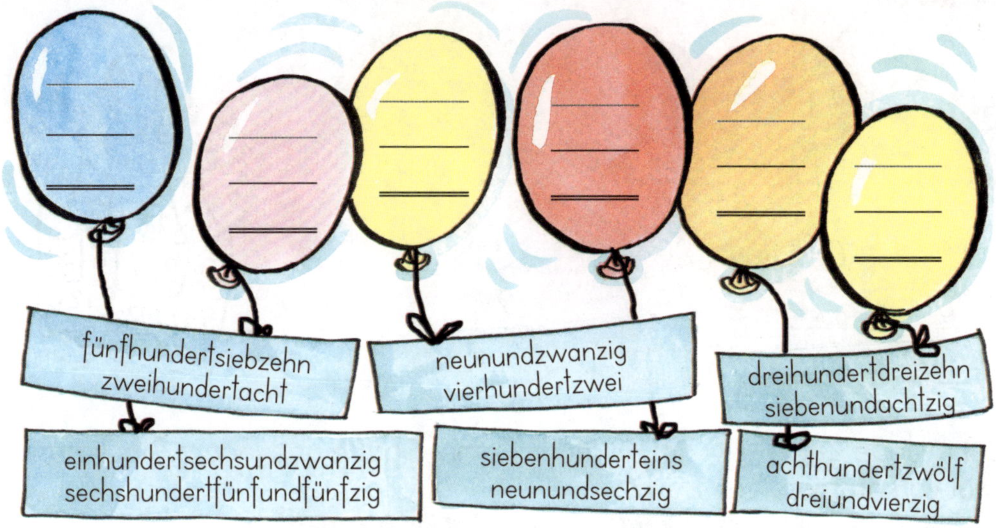

6 Male folgendes Muster symmetrisch!
Ein Spiegel kann dir dabei helfen.

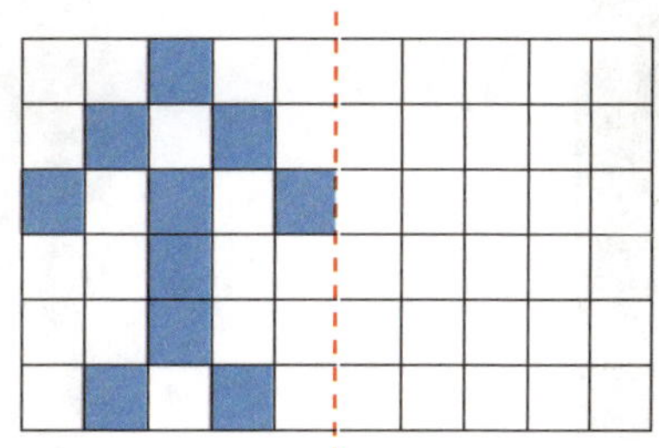

7 a) Wandle um!

968 dag = ____ kg ____ dag ____ g
415 g = ______________________
393 dag = ______________________
205 g = ______________________

b) Rechne!

430 g + _____ = 1 kg
878 g + _____ = 1 kg
1 kg – 220 g = ____ g
1 kg – 994 g = ____ g

8 Sophie kauft im Sonderangebot 6 Becher Jogurt. Ein Becher wiegt 125 g.
Wie schwer sind alle zusammen?
Wandle um!

A.: ______________________________

____

1 Addiere und male die Ergebniszahlen der ersten Reihe ■ und der zweiten Reihe ■ an!

123	370	206	93	254
408	531	790	39	128
___	___	___	___	___

71	637	804	208	132
106	25	190	292	457
___	___	___	___	___

2 Sudoku: Jede Zahl (1–4) darf in jeder Reihe, Spalte und jedem Block nur einmal vorkommen!

3			
		1	
	2		1
			4

3 a) Wandle in das jeweils kleinste Maß um!

	kg	dag	dag	g		
3 dag 1 g →			3	1	=	______ g
80 dag 4 g →					=	______
1 kg 3 dag →					=	______
14 dag 8 g →					=	______
20 dag 7 g →					=	______

b) Wandle um!

8 t = ______ kg

3 t = ______ kg

2 000 kg = ______ t

4 Frau Gruber kocht für ihre Freundinnen Spagetti.
Von der 1-kg-Packung verwendet sie 734 g.
Wie viel dag und g Spagetti bleiben übrig?

A.: ______________________________

____

5 Ergänze die fehlenden Zahlen!

▢ 4 1	1 ▢ 9	8 ▢	▢ 7 0	2 ▢ 8	4 0 7
3 ▢ 7	4 4 4	▢ 0 2	1 8 ▢	7 1 1	▢ ▢ ▢
5 6 ▢	5 5 ▢	9 ▢ 9	8 ▢ 3	▢ 9 ▢	7 9 0

6 Setze die fehlenden Zahlen so ein, dass in jeder Längs-, Quer- und Eckreihe des Quadrates 42 herauskommt.

	17	
19	14	
		18

7 a) Wandle um!

5 kg = ______ dag
27 dag 3 g = ______ g
90 dag 1 g = ______ g
1 kg 3 dag = ______ dag
8 kg 57 dag = ______ dag

250 g = __________
731 dag = __________
1 000 kg = __________
803 dag = __________
47 g = __________

b) Rechne!

326 g + ______ = 1 kg
405 kg + ______ = 1 t
1 kg – 93 g = ______
1 t – 719 kg = ______

8 Julian hat 3 Meerschweinchen mit den Namen Bruno, Lina und Benni. Bruno wiegt 35 dag, Lina um 7 g weniger als Bruno und Benni um 12 g mehr als Lina.

Wie viel wiegen Lina und Benni? Wandle um!

A.: ________________________________
____
____

1 Hilf Nummerix von Zahlenhausen pünktlich in die Musikschule nach Notendorf zu kommen.
Sein Unterricht beginnt am Dienstag um 13 Uhr und am Donnerstag um 14.30 Uhr.

BUS 87 A	Fünflingen – Badeland						
Fünflingen	12.00	12.30	13.00	13.30	14.00	14.30	15.00
Kinderstadt	12.03	12.33	13.03	13.33	14.03	14.33	15.03
Zahlenhausen	12.07	12.37	13.07	13.37	14.07	14.37	15.07
Blumendorf	12.09	12.39	13.09	13.39	14.09	14.39	15.09
Sonnenhof	12.14	12.44	13.14	13.44	14.14	14.44	15.14
Wasserstadt	12.17	12.47	13.17	13.47	14.17	14.47	15.17
Notendorf	12.20	12.50	13.20	13.50	14.20	14.50	15.20
Wiesenberg	12.28	12.58	13.28	13.58	14.28	14.58	15.28
Badeland	12.30	13.00	14.30	14.00	14.30	15.00	15.30

Mit welchem Bus muss Nummerix fahren?

Dienstag: Abfahrt ____________
Ankunft ____________

Donnerstag: Abfahrt ____________
Ankunft ____________

2 Verbinde die Ergebniszahlen der 3er-Reihe der Reihe nach!

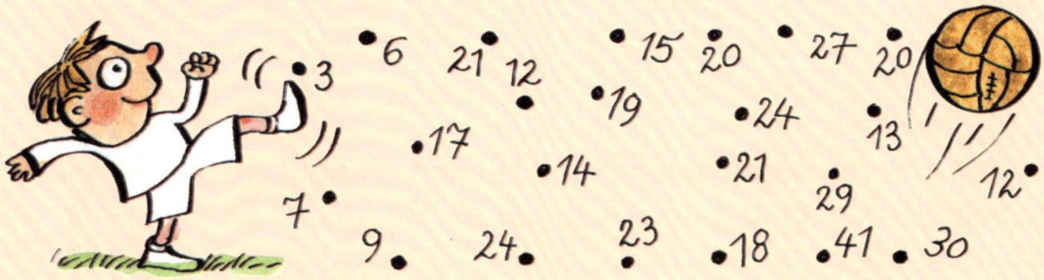

3 Malreihe gesucht! 81, 27, 45, 63 ,18
Diese Ergebniszahlen gehören zur Malreihe von ______.
Schreibe die fehlenden Ergebniszahlen der Größe nach auf.
Beginne mit der kleinsten Zahl!

____

4 Additionspyramide:
Rechne 2 nebeneinanderstehende Zahlen zusammen und schreib das Ergebnis in das Kästchen darüber!

5 Rätsel: Finde die 7 versteckten Wörter!

H	A	L	O	N	F	N	B	I	A
I	R	F	F	E	R	I	E	N	I
T	V	G	H	J	E	L	E	X	K
Z	T	G	E	W	I	T	T	E	R
E	E	A	T	C	B	N	O	T	O
I	X	N	S	R	A	D	I	O	E
E	I	S	D	E	D	P	V	U	M

① F _ _ _ _ _
② F _ _ _ _ _ _ _
③ H _ _ _ _
④ G _ _ _ _ _ _ _ _
⑤ E _ _
⑥ B _ _ _
⑦ R _ _ _ _

6 Sudoku

	1		
			2
1	4		
		4	

1 Schreib die beiden Zahlen aus einem Luftballon untereinander und subtrahiere! 2 Ergebnisse sind immer gleich!
Male die beiden Ballons in derselben Farbe an!

2 Rätsel: Finde die 6 versteckten Wörter!

A	S	O	M	M	E	R	S	O	T	I	F
R	I	S	L	I	A	M	B	S	R	X	A
W	Z	Q	E	K	P	L	R	A	T	G	J
S	O	A	U	C	I	E	X	N	O	C	S
E	M	S	A	L	Z	D	H	D	B	H	U
G	I	L	T	S	E	M	J	H	G	E	P
E	F	K	V	S	O	N	N	E	M	C	P
L	Y	U	S	P	N	I	F	D	I	S	E

3 Zeichne mit dem Geo-Dreieck und einem gespitzten Bleistift eine Gerade, die die gegebene Gerade schneidet!

a) b) c) d) e) f)

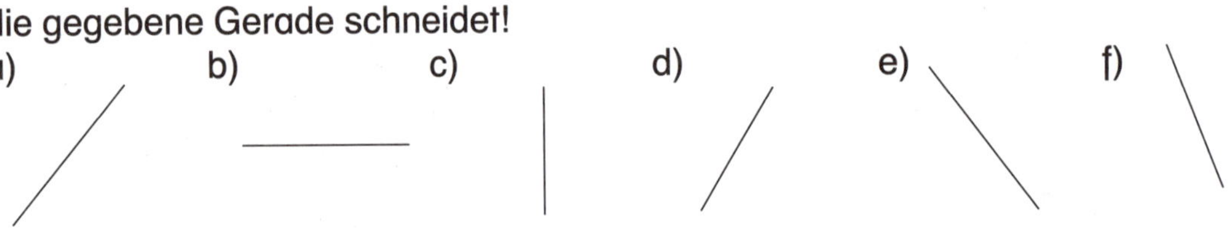

4 Niki denkt an eine Zahl. Er subtrahiert von dieser Zahl 139 und erhält 72.
a) An welche Zahl denkt Niki?
b) Durch welche Zahl muss man 72 dividieren, um das Ergebnis 9 zu bekommen?

A. a): ______________________

A. b): ______________________

5 Subtrahiere und male die Ergebniszahlen an oder streiche sie durch (1 Zahl bleibt übrig)!

6 Hilf Nummerix dabei, den Weg zu seinem Eis zu finden!

7 Ziehe parallele Geraden mit der gleichen Farbe nach!

a)

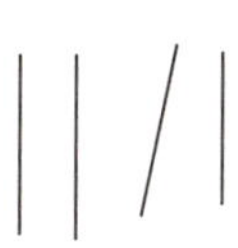

b)

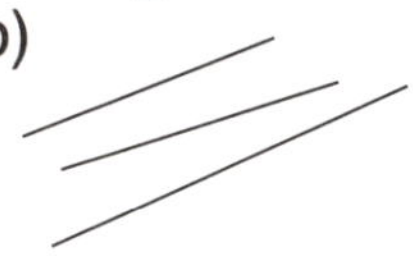

c)

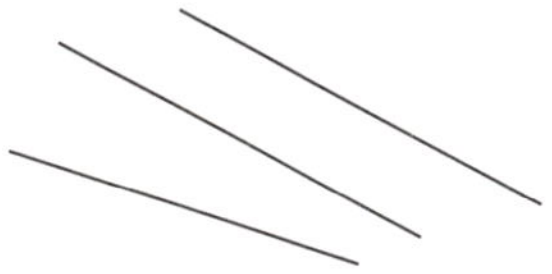

Wie viele Geraden hast du nachgezogen? _____

8 Für ein Konzert sind von 1 000 Karten am Montag 227 und am Dienstag 430 Karten verkauft worden. Wie viele Karten können am Mittwoch noch verkauft werden?

A.: ______________________________

____

____

1 Subtrahiere von 1 000! Rechne dann in deinem Heft die Probe und überprüfe deine Ergebnisse!

2 Rätsel: Kannst du diese Geheimschrift entziffern?

19	21	16	5	18	8	9	18	14

!

3 Kennzeichne alle rechten Winkel mit ⊾!
Verwende dein Geo-Dreieck!

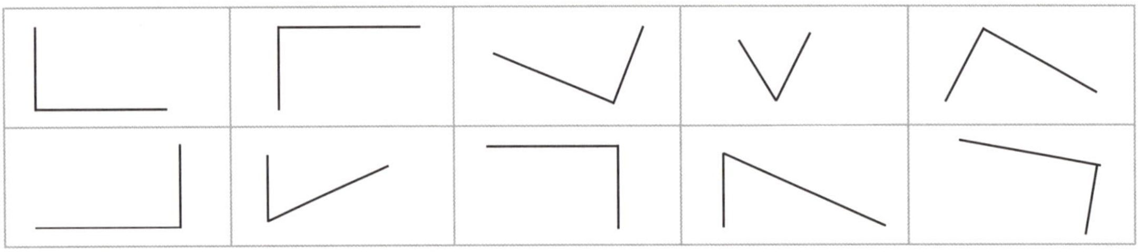

4 Zahl gesucht!
Subtrahiere von 232 das Doppelte von 65 und ziehe vom Ergebnis 78 ab! Teile jetzt durch 2! Wie heißt die gesuchte Zahl?

A.: ______________________________

____

5 Subtrahiere!

6 Rätsel!
Größer oder kleiner?
Setze die Zahlen 2 und 3 richtig
in die leeren Kästchen ein!

	<		<	4	=	4
∧		∨		∨		∨
3	>		=		<	

7 Kennzeichne die rechten Winkel mit ⊾!
Wie viele sind es?

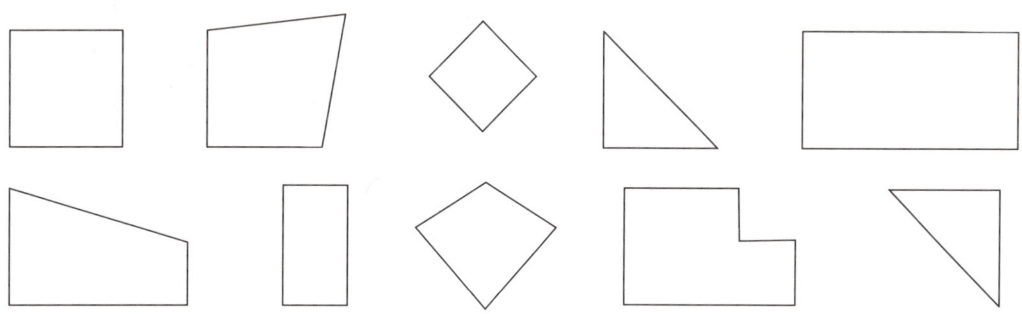

A.: Es sind ____ rechte Winkel.

8 Markus möchte einen Computer kaufen.
Er hat 750 € gespart.
Der Computer kostet aber 999 €.
Wie viel Geld fehlt Markus?

A.: ______________________________

____

1 Subtrahiere und mach die Probe!

2 Rätsel: Sudoku

		1			5
3		5			
				6	1
	4			2	
			1		
5			2		3

3 Zeichne Strecken in folgenden Längen: 2 cm; 4 cm; 1 cm; 5 cm; 3 cm; 6 cm

4 Johannes kauft 3 Computerspiele. Er bezahlt mit einem 100-€-Schein. Wie viel Geld bekommt er zurück?

A.: ______________________________

5 a) Setze >, < oder = ein!

2 · 20 ◯ 1 · 40 10 · 30 ◯ 4 · 60 6 · 90 ◯ 8 · 70

3 · 50 ◯ 5 · 20 9 · 70 ◯ 7 · 80 2 · 60 ◯ 3 · 40

b) Versuche die Rechnungen zu lösen!

7 · 5 + 3 · 40 = ____ 6 · 50 − 7 · 8 = ____

0 · 9 + 6 · 90 = ____ 5 · 30 − 3 · 7 = ____

3 · 8 + 5 · 70 = ____ 1 · 60 − 4 · 9 = ____

4 · 7 + 8 · 30 = ____ 9 · 70 − 6 · 5 = ____

6 Verbinde die Ergebniszahlen der 7er-Reihe der Reihe nach!

7 Lies die Uhr genau! Trage beide möglichen Uhrzeiten ein!

2.15 Uhr ____ ____ ____ ____

14.15 Uhr ____ ____ ____ ____

8 Max hat zum Geburtstag 5 Taschenbücher mit jeweils 179 Seiten bekommen.
3 Bücher hat er schon gelesen.
a) Wie viele Seiten hat er bis jetzt gelesen?
b) Wie viele Seiten kann er noch lesen?

A. a): ____________________

A. b): ____________________

1 Multipliziere und ordne die Ergebnisse der Größe nach!
Beginne mit dem kleinsten!

108 · 4	240 · 3	86 · 7	139 · 6
______ F	______ U	______ L	______ G
307 · 3	423 · 2	333 · 3	240 · 4
______ E	______ Z	______ G	______ U

Lösungswort: __ __ __ __ __ __ __ __

2 Rätsel: Meine Zahl ist größer als 3 · 4 und kleiner als 6 · 3. Meine Zahl kommt in der 5er-Reihe vor. Wie heißt sie?

______

3 Setze ein!

a) Wie viele Minuten fehlen auf eine Stunde?

20 min + ______ min = 1 h
35 min + ______ = 1 h
8 min + ______ = 1 h
19 min + ______ = 1 h

b) Subtrahiere von einer Stunde!

1 h − 39 min = ______ min
1 h − 3 min = ______
1 h − 27 min = ______
1 h − 13 min = ______

4 Susi fährt täglich mit dem Bus in die Schule. Für die Hin- und Rückfahrt benötigt sie insgesamt 38 Minuten.
Wie viele Stunden und Minuten verbringt sie pro Schulwoche im Bus?

A.: ______________________________

____

5 Rechne und male die Ergebniszahlen an oder streiche sie durch! Eine Zahl bleibt übrig!

484 · 2	153 · 3	101 · 5	400 · 2
308 · 3	107 · 8	219 · 3	11 · 3

6 Verbinde die Ergebniszahlen der 8er-Reihe der Reihe nach!

7 Zeichne die fehlenden Uhrzeiger ein und schreibe darunter die zweite Zeitangabe!

3.30 Uhr	17.45 Uhr	8.05 Uhr	22.15 Uhr	1.55 Uhr

8 Milena und Jonas müssen ihr Kinderzimmer aufräumen.
Beide beginnen am Nachmittag zur selben Zeit.

Beginn: __________

Milena ist um drei viertel sechs fertig.
Hier eintragen ⟶

Wie viele Minuten benötigt Milena? A.: __________

Jonas ist 10 Minuten vor sechs fertig.
Hier eintragen ⟶

Wie viele Minuten benötigt Jonas? A.: __________

1 Multipliziere und zähle die Ziffern der Ergebnisse zusammen! Male das jeweilige Blütenblatt mit der passenden Ziffernsumme an oder streiche sie durch! Die Ziffernsumme zählt nicht zum kleinsten Ergebnis.

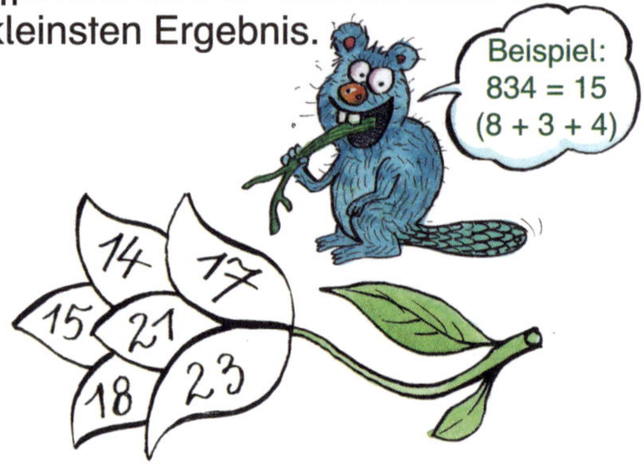

328 · 3 ______

412 · 2 ______

209 · 4 ______

137 · 7 ______

257 · 3 ______

189 · 5 ______

2 Rätsel

3 mal 3 Kühe gehen vor 2 mal 2 Kühen, die 4 mal 4 Kühen folgen.
Wie viele Kühe sind es?

A.: Es sind ______ Kühe.

3 a) Ergänze!

21 s + ______ s = 1 min

7 s + ______ s = 1 min

31 s + ______ s = 1 min

♕ 49 s + ______ s = 2 min

♕ 14 s + ______ s = 2 min

b) Subtrahiere!

1 min − 15 s = ______ s

1 min − 38 s = ______ s

1 min − 8 s = ______ s

♕ 2 min − 56 s = ______ s

♕ 2 min − 24 s = ______ s

4 Marie kauft für ihre Geburtstagsparty 2 Flummis, 5 Jo-Jos und 3 Pfeiferl. Wie viel € und c benötigt sie?

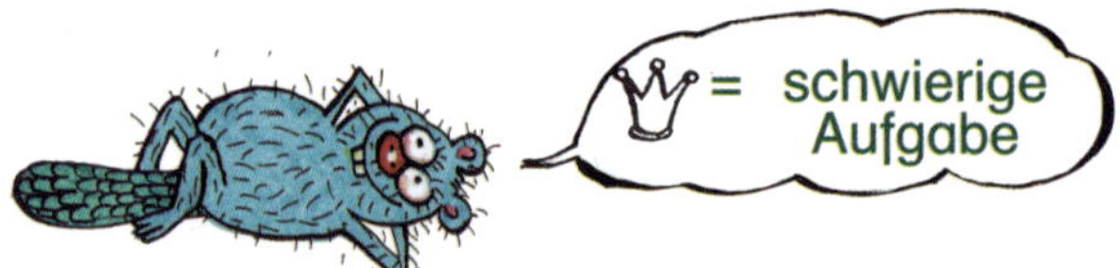

Preisliste

1 Flummi	80 c
1 Jo-Jo	90 c
1 Pfeiferl	1,10 €

A.: ______________________________

____

5 Multipliziere und male das Ergebnis in der angegebenen Farbe an!

429 · 2 (orange)	218 · 4 (gelb)	57 · 8 (grün)	139 · 5 (blau)
306 · 3 (grün)	108 · 7 (blau)	95 · 6 (orange)	500 · 2 (gelb)

6 Verbinde die Ergebniszahlen der 6er-Reihe der Reihe nach!

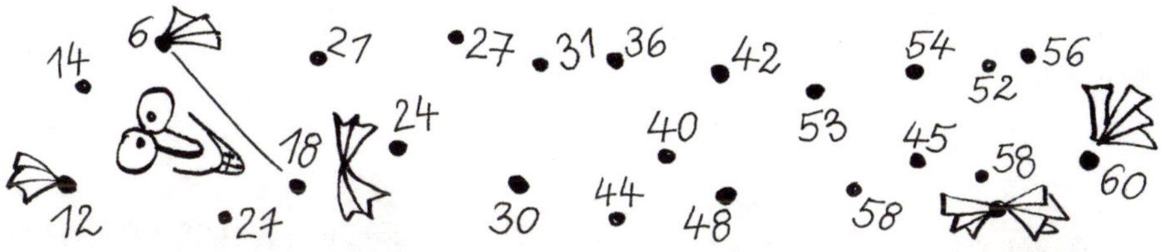

7 a) Setze ein!

b) Ergänze oder subtrahiere!

55 s + ______ = 1 min
1 h – 24 min = ______
2 min – 38 s = ______

52 min + ______ = 1 h
39 s + ______ = 1 min
2 h – 56 min = ______

c) Wie viele Sekunden sind vergangen?

 ____________

 ____________

8 Johanna ist 2 Jahre und 3 Monate alt. Tobias ist um 16 Monate jünger als Johanna und Emma um 1 Jahr und 8 Monate älter als Tobias.
Wie alt sind Tobias und Emma?

A.: ____

1 Ergänze zu symmetrischen Figuren!

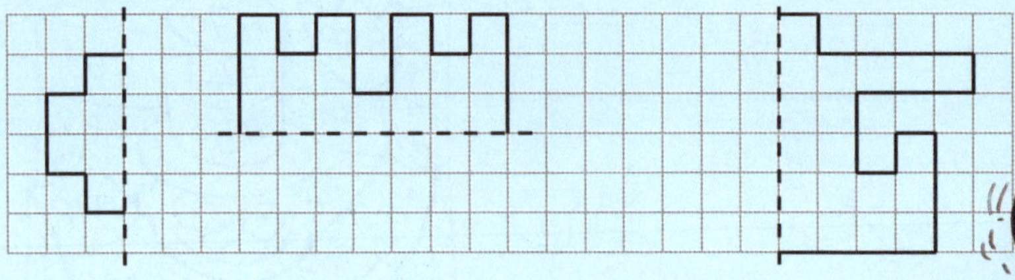

2 Rätsel: Addiere die Rückseiten der Würfel!

Wie heißt das Ergebnis? ______

3 Symbolrätsel

Kannst du dieses Rechenrätsel lösen? Schreibe die Rechnung auf!

4 Verbinde die Ergebnisse der 4er-Reihe der Reihe nach!

5 Sudoku

		2	4
			3
	4		

4			
		2	
	3		
			1

6 Größer oder kleiner?
Setze die Zahlen 3 und 4 richtig in die leeren Kästchen ein!

	<		<	5	=	5
∧		∨		∨		∨
4	>		=		<	

1 Dividiere schriftlich und male die Ergebniszahlen an oder streiche sie durch!

2 Sudoku

		3	
4			
			3
	1		

1		2	
	3		4

3 Halbiere folgende Strecken: 1 cm, 3 cm, 2 cm, 5 cm, 4 cm und 6 cm
Zeichne jeweils die angegebene Strecke mit der dazu passenden halbierten Strecke untereinander. (Zählt nicht zur kleinsten Zahl!)

4 a) Berechne den 9. Teil von 81!

b) Wie viel ist der 7. Teil von 861?

A. a): ______________________________

A. b): ______________________________

5 Dividiere und mach die Probe!

6 Gitterrätsel:
Trage die Wörter richtig in das Gitter ein!

- 3 Buchstaben: Eis, See
- 4 Buchstaben: Meer, Nase
- 5 Buchstaben: Regen, Nagel
- 8 Buchstaben: Sandalen
- 9 Buchstaben: Reisepass
- 12 Buchstaben: Sommerferien

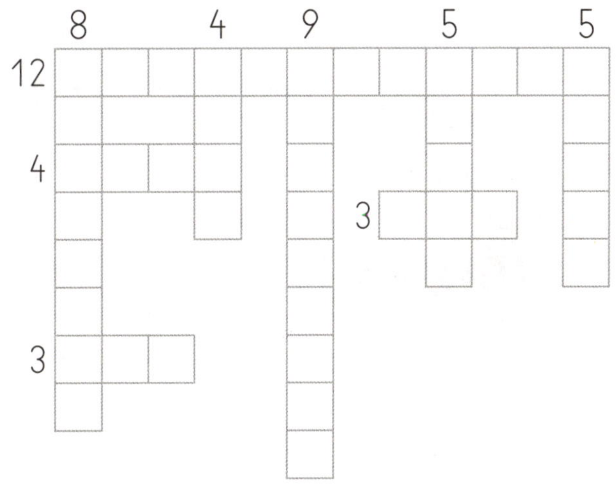

7 Verdopple folgende Strecken!
(Zählt nicht zur kleinsten Zahl!)

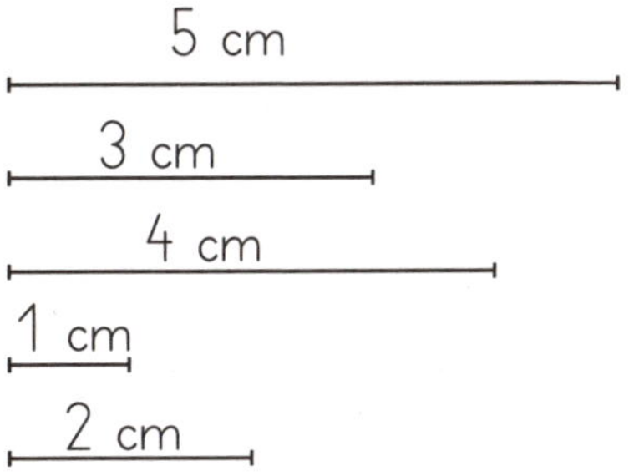

8 Halbiere die Zahl 848. Dividiere das Ergebnis durch 4. Halbiere diese Zahl. Jetzt subtrahiere vom Ergebnis das Doppelte von 22 und rechne dann minus 3.
Wie heißt deine Zahl?

A.: ______________________________

1 Dividiere und male die Ergebnisse an oder streiche sie durch!
Achtung: Eine Zahl bleibt übrig!

2 Verbinde die Zahlen der 9er-Reihe der Reihe nach!

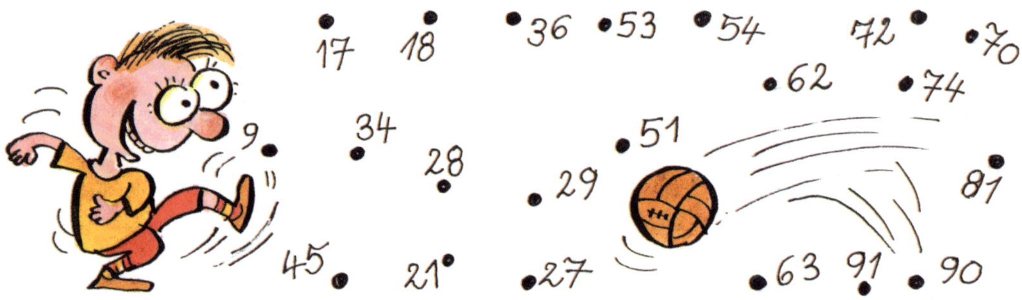

3 a) Zeichne das Quadrat doppelt so groß!

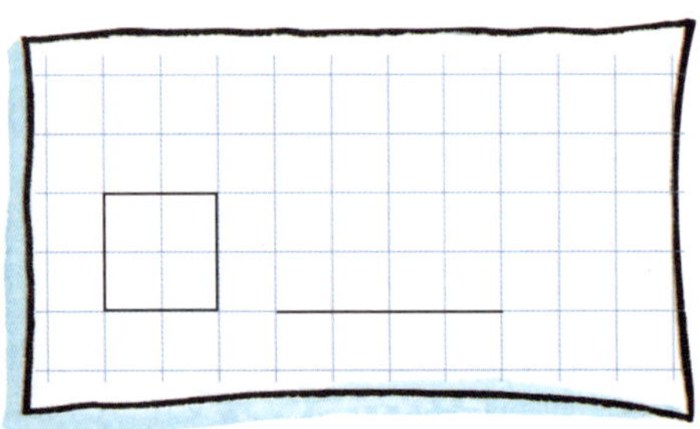

b) Zeichne das Rechteck halb so groß!

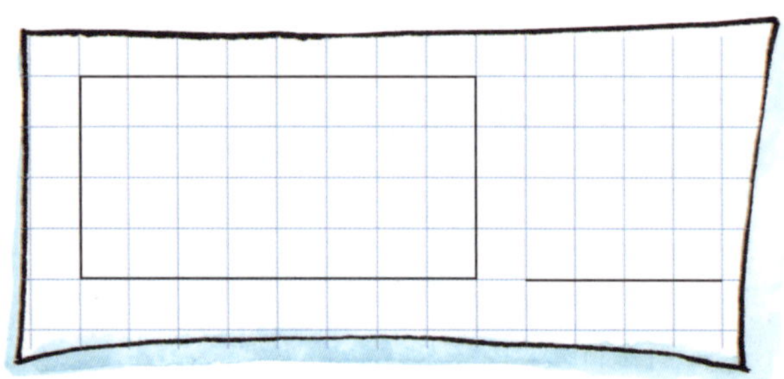

4 In einem Lift sind 20 Personen. Im 1. Stock steigen 4 Personen aus, im 2. Stock verlassen nur halb so viele den Lift. Im 3. Stock steigen doppelt so viele Leute aus wie im 1. Stock. Wie viele sind jetzt noch im Lift?

A.: ______________________________

____

5 Divisionen mit 0!
Dividiere im Heft, ordne die Ergebnisse der Reihe nach (beginne mit dem kleinsten Ergebnis) und finde das Lösungswort!

240 : 5 = ____ S	105 : 5 = ____ E	720 : 8 = ____ E
320 : 4 = ____ T	170 : 2 = ____ E	360 : 9 = ____ I

Lösungswort: ___ ___ ___ ___ ___ ___

6 Kannst du dieses Rechenrätsel lösen? Schreib die Rechnungen auf!

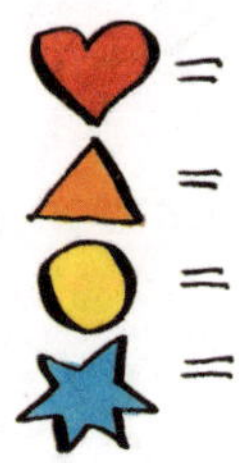

7 Zeichne diese Buchstaben doppelt so groß!

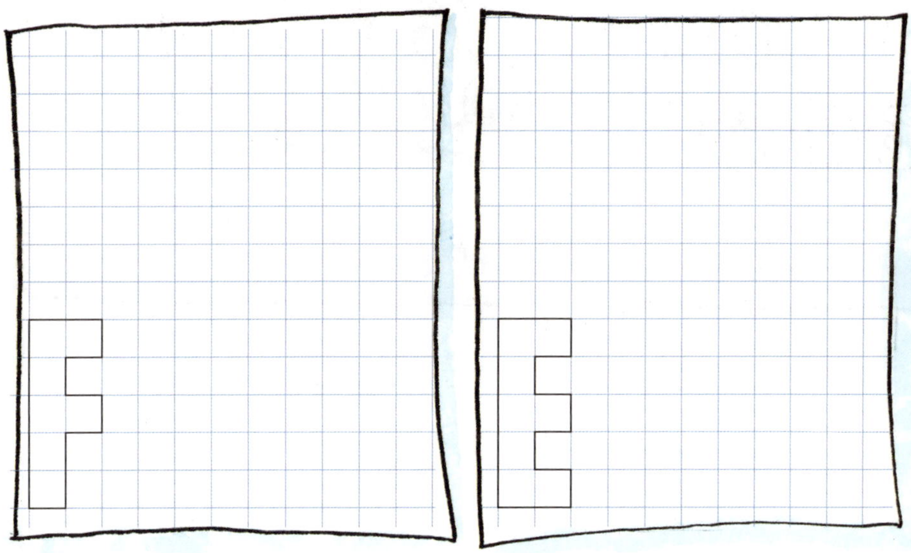

8 Ralfi hat schon 234 Seiten in seinem Buch gelesen.
Das Buch hat 529 Seiten.
Wie viele Seiten kann Ralfi noch lesen?

A.: ______________________________

____

1 Divisionen mit Rest. Male die Ergebnisse an oder streiche sie durch!
2 Ergebnisse bleiben übrig.

2 Finde die fehlenden Zahlen! Schwierig!

3 Zeichne diese Buchstaben halb so groß!

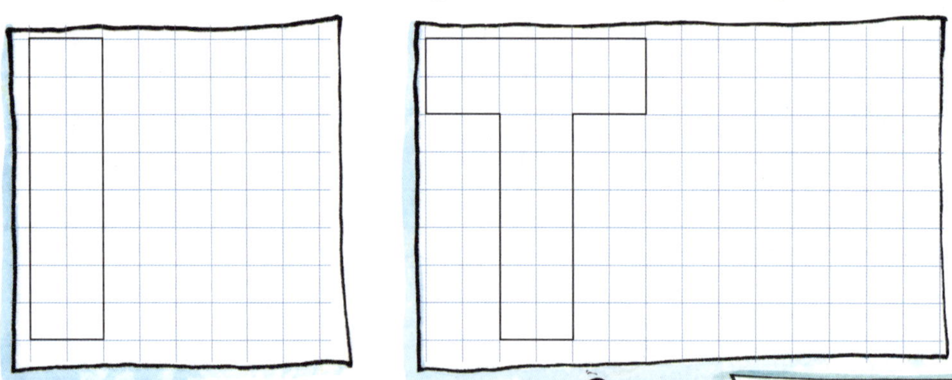

4 156 Äpfel werden in 6er-Kartons verpackt.
Wie viele Kartons werden benötigt?

A.: ______________________________

____

5 a) Kreise alle rechteckigen ■ und quadratischen ■ Körper ein!

b) Zeichne die Rechtecke und Quadrate fertig und zeichne dann alle rechten Winkel (⊾) ein!

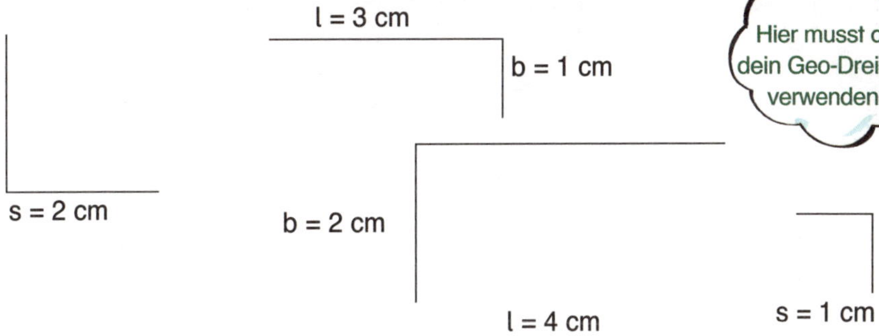

6 Rätsel: Finde alle 10 Fehler!

7 Wandle um!

2 m = ____ cm	800 dm = ____ m	238 cm = __ m __ dm __ cm
10 dm = ____ cm	500 cm = ____ dm	301 cm = ____________
3 m = ____ dm	10 dm = ____ cm	596 cm = ____________
5 dm = ____ cm	210 cm = ____ dm	710 cm = ____________

8 Paula strickt für ihre Oma einen Schal. In der ersten Woche schafft sie 28 cm, in der zweiten Woche 14 dm 6 cm und in der dritten Woche 103 cm.
Wie lang ist der Schal?

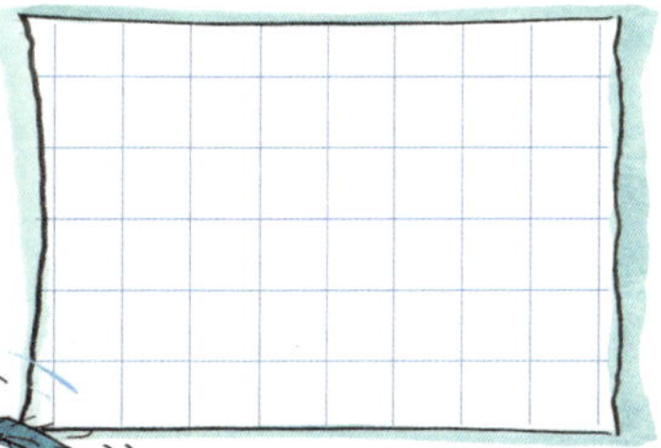

A.: ______________________________________

____

1 a) Wie berechne ich den Umfang eines Rechtecks?

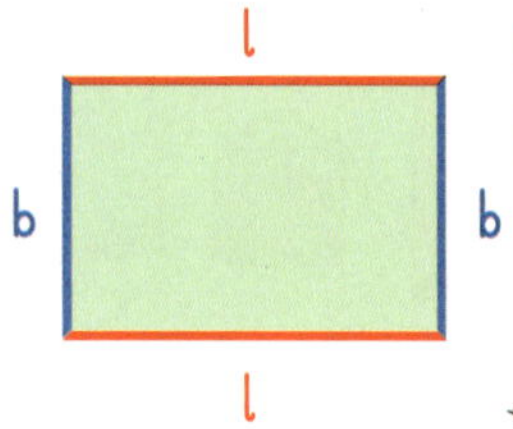

l = 4 cm
b = 2 cm
u = ____

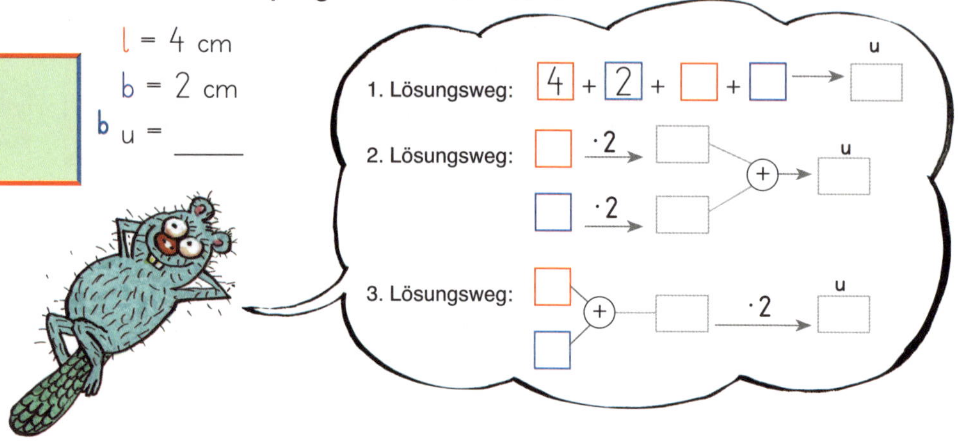

b) Berechne jeweils den Umfang!

l = 23 m	l = 57 cm	l = 86 mm
b = 17 m	b = 46 cm	b = 31 mm
u = ____	u = ____	u = ____

2 Schau dir die Farben- und Figurenfolge genau an. Was kommt an Stelle der Fragezeichen?

3 a) Miss auf den mm genau ab!

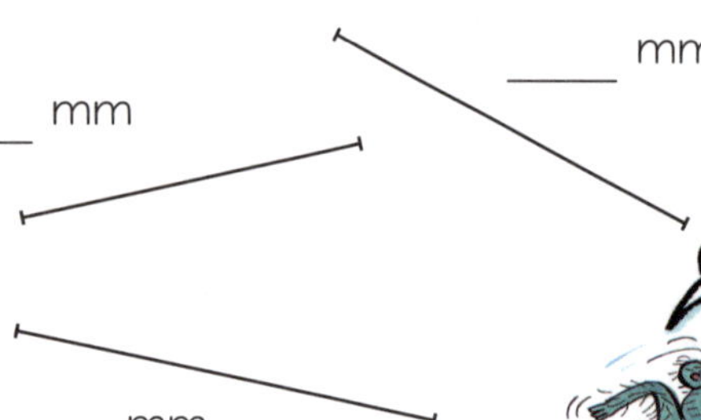

____ mm

____ mm

____ mm

b) Wandle um!

3 dm = ____ mm
2 cm = ____ mm
1 m = ____ mm
300 mm = ____ dm
80 mm = ____ cm

4 Nimm die Hälfte von 238 und vervierfache dann das Ergebnis.
Wie heißt die Zahl?

A.: ______________________

5 a) Wie berechne ich den Umfang eines Quadrates?

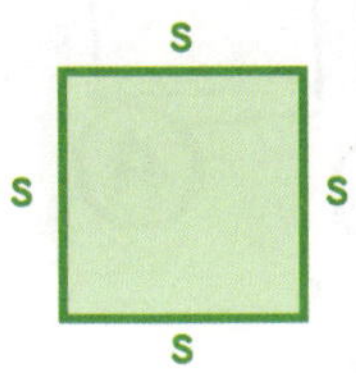

s = 30 cm

u = ______

1. Lösungsweg: [30] + [ ] + [ ] + [ ] → u [ ]

2. Lösungsweg: [ ] ·4 → u [ ]

b) Berechne jeweils den Umfang!

s = 15 m
u = ______

s = 37 cm
u = ______

s = 89 mm
u = ______

s = 152 cm
u = ______

6 Sudoku

	3	4	
2			
			1

7 Trage in den Umwandlungsraster ein und entdecke die einzelnen Maße!

	m	dm	cm	mm	
25 cm →					= ______
87 dm →					= ______
206 mm →					= ______
410 cm →					= ______
36 mm →					= ______
793 cm →					= ______

8 Wolfgang ist 145 cm groß. Elena ist um 39 cm kleiner als Wolfgang und Camillo um 18 cm größer als Elena. Um wie viel cm ist Wolfgang größer als Camillo?

A.: ______

1 a) Berechne den Umfang folgender Gärten und ordne die Ergebnisse der Größe nach!

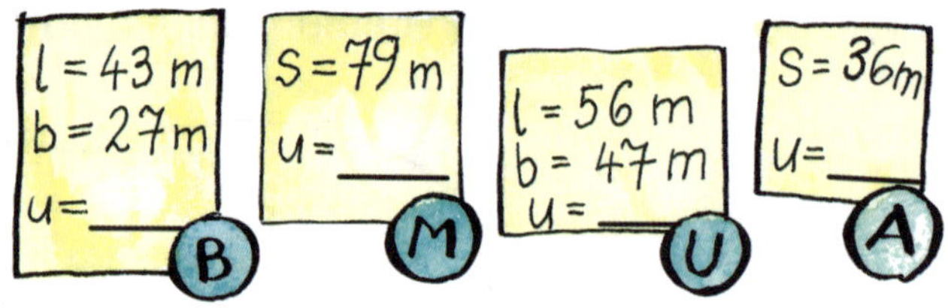

Lösungswort: __ __ __ __

b) Wie viele Rasterquadrate haben die Rechtecke und Quadrate?

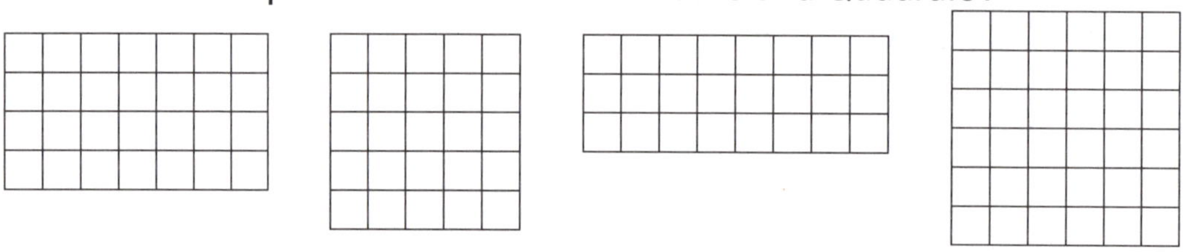

________ ________ ________ ________

2 Zahlengitter: Trage die folgenden Zahlen richtig in das Gitter ein!

1527688832, 12144, 91313, 4370966731, 1438567291

	5				5				5	
10					5					
					3					
10					6					
					7					
10					9					

3 a) Wandle um!

4 m = ____ dm

300 mm = ____ cm

2 m = ____ cm

5 dm 9 cm = ____ cm

b) Rechne und wandle das Ergebnis in die einzelnen Maße um!

25 cm + 38 cm + 19 cm = ____ cm → ____ dm ____ cm

97 mm − 64 mm + 53 mm = ____ → ____

51 dm + 7 dm + 36 dm = ____ → ____

4 Matthias hat einen Schulweg von 1 Kilometer. Nach 368 m trifft er immer seine Freundin Lilly. Wie viele m gehen sie zusammen?

A.: ______________________________

5 Berechne den Umfang! Wandle zuerst in das kleinste Maß um! Mach in das jeweilige Kästchen mit dem Geo-Dreieck eine genaue Zeichnung!

l = 4 cm 3 mm
b = 17 mm
u = ________

s = 2 cm 4 mm
u = ________

6 Zahlen-Suchsel
Finde die folgenden Zahlen:
35431, 60074
13409, 61334
89034, 90345

7	6	1	5	0	9	1	7	6	3
2	1	5	7	8	0	1	3	0	9
7	3	5	4	3	1	9	8	0	1
1	3	2	4	8	9	0	6	7	4
5	4	1	0	9	7	3	5	4	5
4	2	7	8	1	3	4	0	9	2
3	7	4	2	2	0	5	2	1	6
8	9	0	3	4	2	7	4	3	0

7 a) Ergänze auf 1 m!

320 mm + ________ = 1 m
98 cm + ________ = 1 m
557 mm + ________ = 1 m
36 cm + ________ = 1 m
408 mm + ________ = 1 m

b) Rechne von 1 m weg!

1 m − 209 mm = ________
1 m − 24 cm = ________
1 m − 737 mm = ________
1 m − 48 cm = ________
1 m − 560 mm = ________

8 Bauer Herwig möchte sein Grundstück neu einzäunen.
Es ist 121 m lang und 87 m breit. Für das 3 m breite Einfahrtstor benötigt er keinen Zaun.

Wie viel Zaun muss er kaufen?

A.: ______________________________
____

1 Verbinde die Punkte so, dass ein Quader und ein Würfel entstehen!

2 Zeichne nur die Symmetrieachsen farbig nach!

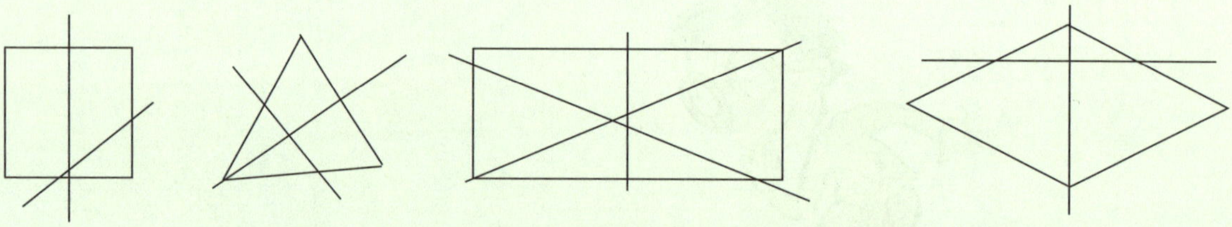

3 Logische Zahlenreihe: Für welche Zahl steht das Fragezeichen?

4 Verändere die Position eines Streichholzes und stelle so die Rechnung richtig!

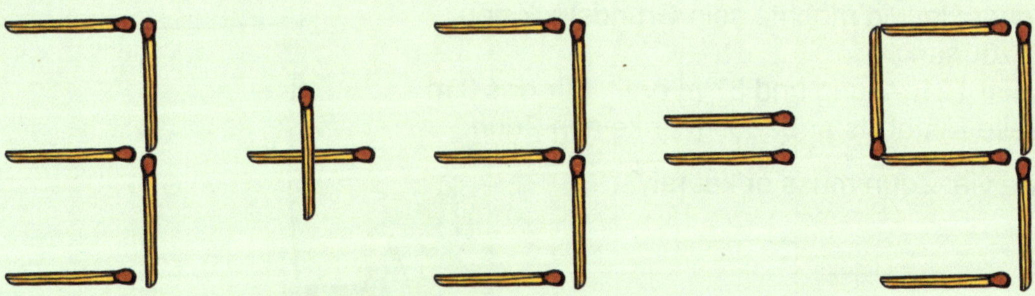

5 Sonnenrätsel

Jetzt brauchst du die Zahlen, die du auf allen Seiten in die ☼ geschrieben hast! Trage sie unten in die Tabelle ein, suche dann zu den Zahlen die passenden Buchstaben / Zahlen und schreibe sie darunter!

9	26	18	1	21	7	13	27	24	11
A	B	C	D	E	F	G	H	I	J
22	5	28	16	19	4	14	3	6	2
K	L	M	N	O	P	Qu	R	S	T
8	30	10	48	20	17	29	12	32	23
U	V	W	X	Y	Z	Ä	Ü	Ö	.
15	35	39	36	33	36	41	34	40	37
!	1	2	3	4	5	6	7	8	9

Seite	4	5	6	7	8	9	10	11	12	13	16
☼-Zahl											
Buchstabe											

Seite	17	18	19	20	21	22	23	24	25	28	29	30	31
☼-Zahl													
Buchstabe							.						

Seite	32	33	34	35	36	37	
☼-Zahl							
Buchstabe							!

1 Addiere und ordne die Ergebnisse der Größe nach!
Beginne mit dem größten!

428	216	555	387	127
309	690	371	99	403
___ R	___ N	___ A	___ D	___ N
642	202	438	190	718
107	380	329	309	103
83	76	233	299	27
___ S	___ A	___ S	___ T	___ D

Lösungswort: ___ ___ ___ ___ ___ ___ ___ ___ ___ ___

2 Trage die fehlenden Uhrzeiten und die fehlenden Uhrzeiger ein!

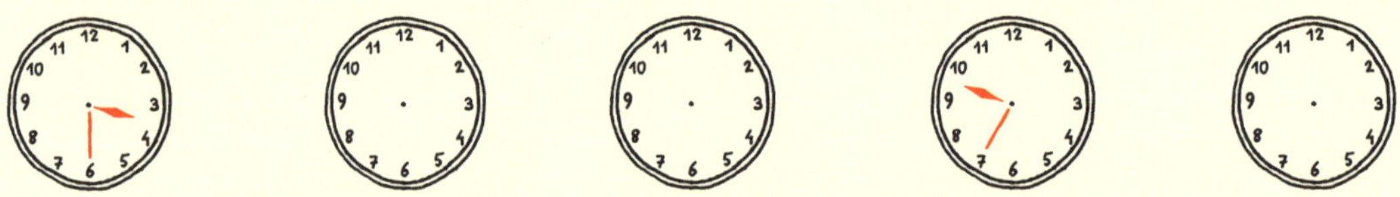

______	______	7.05 Uhr	______	______
______	20.55 Uhr	______	______	23.20 Uhr

3 Multipliziere und zähle die Ziffern der Ergebnisse zusammen!
Male den jeweiligen Stein mit der passenden Ziffernsumme an oder streiche ihn durch! 5 Ziffernsummen bleiben übrig.

87 · 9	408 · 2	316 · 3	165 · 5
______	______	______	______
247 · 4	105 · 8	43 · 7	398 · 2
______	______	______	______
124 · 6	107 · 9	78 · 8	329 · 3
______	______	______	______

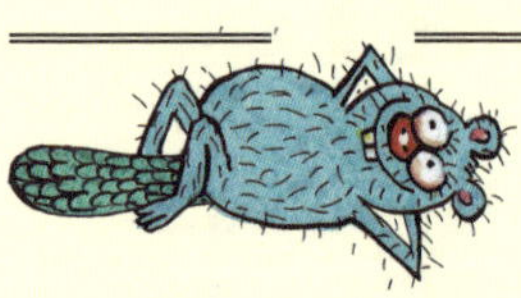

4 Bilde schriftliche Subtraktionen! Unterstreiche das Ergebnis doppelt!

204; 475 | 468; 956 | 781; 109 | 883; 529 | 417; 627

5 Divisionen ohne Rest!

414 : 9 = ___

861 : 7 = ___

945 : 5 = ___

624 : 3 = ___

858 : 6 = ___

900 : 4 = ___

746 : 2 = ___

536 : 8 = ___

6 Patricia, Stefan und Lisa wollen wissen, wer von ihnen am schnellsten rechnet. Sie haben alle drei das gleiche Arbeitsblatt und stoppen die Zeit.

	Beginn	Ende	Dauer
Patricia	17.25 Uhr	17.48 Uhr	
Stefan	18.01 Uhr	18.23 Uhr	
Lisa	18.32 Uhr	18.57 Uhr	

Wer kann am schnellsten rechnen?

A.: ______________________________

____

1 Schreib die Zahlen richtig untereinander und subtrahiere schriftlich! Male die Ergebniszahlen an oder streiche sie durch! 3 Ergebniszahlen bleiben übrig.

8H 9Z 4E	1H 9Z 3E	9H 0Z 6E	1T 0H 0Z 0E	6H 7Z 5E	7H 2Z 4E
3H 4Z 1E	1H 6Z 6E	5H 8Z 2E	8H 9Z 7E	2H 6Z 1E	1H 8Z 8E

2 Zeichne mit dem Geo-Dreieck zu jeder Geraden 2 parallele Geraden, die durch die vorgegebenen Punkte führen!

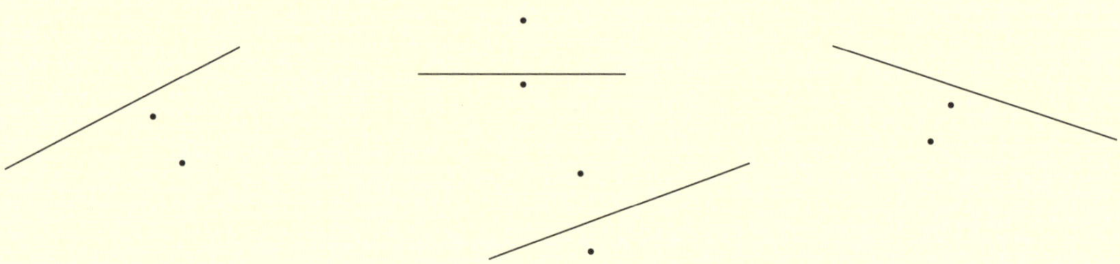

3 Dividiere und male die Ergebnisse an oder streiche sie durch! 1 Ergebnis bleibt übrig.

4 Addiere und male die Ergebnisse der ersten Reihe (grün) und der zweiten Reihe (rot) an!

346	407	358	223
219	193	504	198
___	___	___	___
519	321	652	436
342	454	97	256
___	___	___	___

5 Dieses Grundstück soll eingezäunt werden.
Wie viele Meter Zaun werden benötigt?

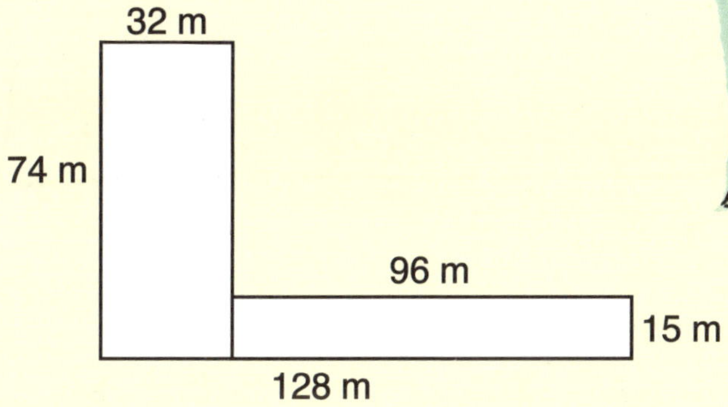

A.: ______________________

____

6 Rechenblumen

1 Schriftliches Dividieren mit und ohne Rest: Male die Ergebnisse in den Flossen an oder streiche sie durch! 1 Flosse bleibt übrig.

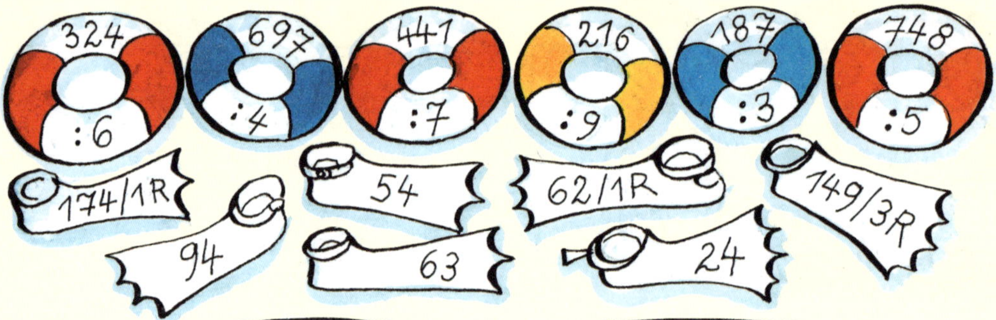

2 Schau genau! Wie viel Gramm fehlen in jedem Koffer?

3 Subtrahiere und mach die Probe!

4 Multipliziere und male die Ergebnisse an oder streiche sie durch – eine Zahl bleibt übrig!

5 Löse dieses Sachproblem:
Nora kauft 150 g Schinken, 200 g Salami, 100 g Extrawurst und 100 g Käse.
Wie viel kauft sie insgesamt?

A.: ______________________________

____

6 Addiere! Bemale die Ergebnisfische oder streiche sie durch – 1 Fisch bleibt übrig.

256	378	629	463	718
469	554	182	277	192
___	___	___	___	___
473	394	167	346	623
197	372	739	279	189
___	___	___	___	___

1 Multipliziere und male das Ergebnis in der angegebenen Farbe an!

314 · 3	236 · 4	115 · 7	458 · 2
108 · 9	247 · 4	329 · 3	135 · 7

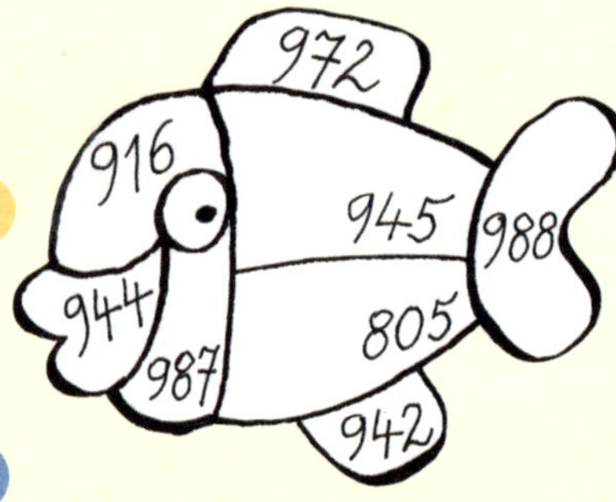

2 Setze <, > oder = ein!

3 m ◯ 300 cm	70 dm ◯ 7 m 1 dm
400 cm ◯ 250 cm	2 m ◯ 20 dm
8 m ◯ 80 cm	6 m ◯ 60 dm 0 cm
520 cm ◯ 5 m	5 cm ◯ 5 dm

3 Addiere!

742	476	623	394	677	547
168	284	189	372	238	383

365	112	324	601	239	204
497	356	62	7	274	163
108	273	132	46	153	95

4 Dividiere und mach die Probe!

970 : 3 = ____

Probe:

665 : 6 = ____

Probe:

769 : 7 = ____

Probe:

272 : 3 = ____

Probe:

356 : 6 = ____

Probe:

5 Zahl gesucht!
Addiere zu 146 das Doppelte von 378!
Zieh nun vom Ergebnis 898 ab und teile dann durch 2!
Wie heißt die gesuchte Zahl?

A.: ______________________________

____

6 Schreibe die Zahlen so untereinander, dass du subtrahieren kannst!

3Z 4H 1E, 3H 9E 8Z	8Z 8H, 6H 9E 9Z
4H 3E, 7E 9H 8Z	3H 5Z, 3Z 5H 1E
2H 7E, 9E 6H 5Z	1E 9H 5Z, 8E 8H 6Z

Rechnungen zum Selberbasteln!

1 Du fährst täglich mit ____________ und ____________ mit dem Bus ins Freibad. Im Bus sitzen schon _____ Kinder. Später steigen noch _____ Kinder ein.

Frage: ____

Rechnung:

Antwort: ____

2 **Rechenmauern**

3 Mama und Papa wiegen zusammen _____ kg. Papa hat _____ kg.

Frage: ____

Rechnung:

Antwort: ____

4 **Rechenpäckchen**

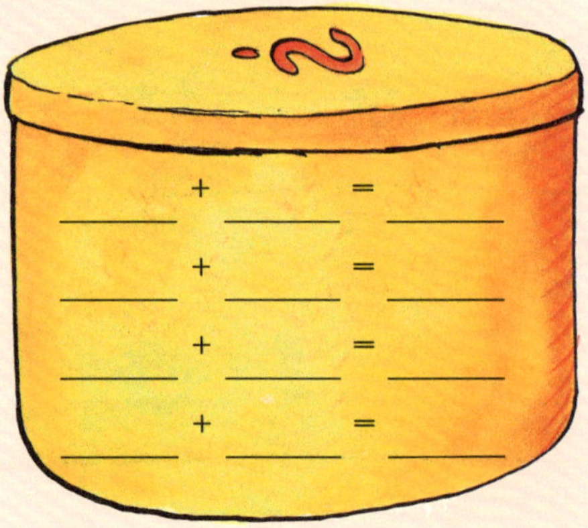

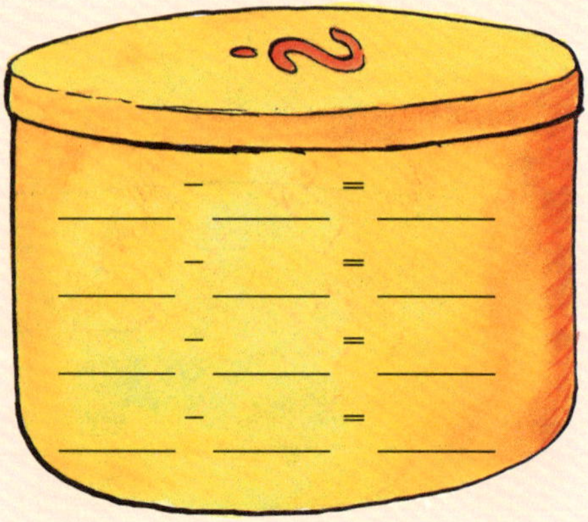

3
4

Für weitere Informationen steht Ihnen gerne Ihre VERITAS-Kundenberatung zur Verfügung.
Rufen Sie einfach an, schicken Sie ein Fax oder ein E-Mail!
Tel. +43 732 776451–2280, Fax: +43 732 776451–2239
E-Mail: kundenberatung@veritas.at
Besuchen Sie uns auf unserer Website www.veritas.at

3. Auflage (2019) – entspricht der Rechtschreibreform 2006.
Gedruckt auf umweltfreundlich hergestelltem Papier.
Lektorat: Klaus Kopinitsch
Herstellung, Umschlaggestaltung und Layout: Kathrin Schager
Bildredaktion: Nina Autengruber
Illustrationen: Alena Schulz, Slavonika
Satz: satz@wolkerstorfer.at, Gutau
Coverillustration: Alena Schulz, Slavonika
Umschlagfoto: ms. foto.group/Linz

ISBN 978-3-7101-0383-4